Claudia Rafela Escobedo Galván
José del Refugio Miranda Delgado
Aldo Alonso Ruiz Manqueros

Generador eléctrico a base del mecanismo de una bicicleta

Generador eléctrico a base del mecanismo de una bicicleta

Claudia Rafela Escobedo Galván
José del Refugio Miranda Delgado
Aldo Alonso Ruiz Manqueros

Generador eléctrico a base del mecanismo de una bicicleta

Obtención de energía

Editorial Académica Española

Imprint
Any brand names and product names mentioned in this book are subject to trademark, brand or patent protection and are trademarks or registered trademarks of their respective holders. The use of brand names, product names, common names, trade names, product descriptions etc. even without a particular marking in this work is in no way to be construed to mean that such names may be regarded as unrestricted in respect of trademark and brand protection legislation and could thus be used by anyone.

Cover image: www.ingimage.com

Publisher:
Editorial Académica Española
is a trademark of
Dodo Books Indian Ocean Ltd. and OmniScriptum S.R.L publishing group

120 High Road, East Finchley, London, N2 9ED, United Kingdom
Str. Armeneasca 28/1, office 1, Chisinau MD-2012, Republic of Moldova, Europe
Managing Directors: Ieva Konstantinova, Victoria Ursu
info@omniscriptum.com

Printed at: see last page
ISBN: 978-620-0-01563-1

GENERADOR ELÉCTRICO BASADO A BASE DEL MACANISMO DE UNA BICICLETA

OBTENCIÓN DE ENERGÍA

Agradecimientos

Agradezco profundamente a quienes me han dado la oportunidad de realizar este trabajo y quienes me dieron tanto el conocimiento como los medios para llegar a este punto. Agradezco a la M.en.C Claudia Rafela Escobedo Galván quien decidió creer en mí y asesorar esta tesis, al M. en C. José del Refugio Miranda Delgado quien fungió como mi docente y quien aportó en gran parte a el aprendizaje adquirido a lo largo de la carrera técnica y por haber confiado en mí desde que comencé. Al M. en C. Armando Silvestre Santoyo Rodríguez, de quien también adquirí conocimientos sobre el área técnica, al MTA. Ángel Osiris Rodríguez Vázquez, co-asesor de la tesis y responsable de quien me encuentre realizándola, al igual que docente quien aportó en el aprendizaje técnico. Al Ing. Lauro Iván Arteaga Murillo, quien impartió una de las últimas áreas de conocimiento que implementa este proyecto y al M.en.C Abraham de la Cruz Martínez, dado que el fundamento científico principal de este proyecto me fue impartido por él en la unidad de Física IV.

Agradezco sobre todo a mi Madre, quien me ha apoyado desde que tengo memoria y que gran parte de este proyecto se concretó gracias a su esfuerzo. A mi familia quien brindó apoyo desde diferentes aspectos, a mis amigos de los cuales también recibí apoyo moral. A una chica muy especial quien fuese inspiración en los últimos meses.

Sobre todo, Gracias a mi Padre celestial, en quien tengo la firme convicción de que absolutamente todo, incluyendo este proyecto, ha sido posible por su poder y su voluntad.

Gracias.
Atte.: Aldo Alonso Ruiz Manqueros

A mi familia, docentes, personas que estimo, todo a quien llegue a ser ayudado y servido por este trabajo y al Señor y padre Celestial.

Resumen

Actualmente se vive una crisis energética en cuanto a la distribución y la generación de la energía eléctrica. La cuestión de la generación tiene el problema de constar en su mayoría de métodos contaminantes y nocivos para el medio ambiente [1]; lo que ha causado una movilización por encontrar e implementar fuentes alternativas para generar energía eléctrica. En segunda instancia esta la problemática de distribución de la energía eléctrica que se transmite, distintos elementos que son usados para la transición y distribución de la electricidad no son accesibles en diversas comunidades de la república mexicana [2]. Crea la necesidad de desarrollar un generador eléctrico que sea sustentable y no contamine al momento de generar energía eléctrica; no solamente eso, sino que también pueda ser transportado con facilidad a comunidades que requieran de electricidad.

Se ha optado por el desarrollo de un generador eléctrico que, por medio del movimiento, genere corriente eléctrica que será procesada y aprovechada para su uso y consumo. El movimiento para esta propuesta es una bicicleta, de modo que se pueda generar energía sin comprometer en desmedida los recursos naturales y ser, además, algo que pueda ser transportado a diferentes comunidades, preferentemente, comunidades sin energía eléctrica. Se trabajó en la creación de un sistema de generación que englobe el montado del generador y bicicleta, transición y transformación de energía y procesamiento de la electricidad generada. Puntos que serán tratados a lo largo de este escrito.

Abstract

Currently, there is an energy crisis regarding the distribution and generation of electrical power. The issue of generation primarily involves methods that are polluting and harmful to the environment [1], which has led to efforts to find and implement alternative sources to generate electricity. Secondly, there is the issue of electrical energy distribution, as various elements used for the transmission and distribution of electricity are not accessible in many communities across Mexico [2]. This creates the need to develop an electric generator that is sustainable and does not pollute during energy production. Additionally, it should be easily transportable to communities that require electricity.

The chosen solution is to develop an electric generator that generates electrical current through movement, which will be processed and used for consumption. In this proposal, the movement comes from a bicycle, allowing energy generation without significantly compromising natural resources, and it is also a device that can be transported to different communities, preferably to those without electricity. The work focused on creating a generation system that includes the assembly of the generator and bicycle, the transition and transformation of energy, and the processing of the generated electricity. These points will be addressed throughout this document.

ÍNDICE

ÍINDICE DE FIGURAS

Lista de Abreviaturas

Generador eléctrico por inducción:

un generador eléctrico por inducción es un dispositivo que convierte la energía mecánica en energía eléctrica. Este proceso se basa en el principio de la inducción electromagnética, descubierto por Michael Faraday. En términos simples, cuando un conductor eléctrico (como una bobina de alambre) se mueve dentro de un campo magnético, o viceversa, se induce una corriente eléctrica en ese conductor.

Transmisión Mecánica:

Una transmisión mecánica es un sistema de componentes que se encargan de transmitir la potencia generada por un motor (ya sea térmico, eléctrico o de otro tipo) a un elemento de salida, como las ruedas de un vehículo, un eje, o una herramienta.

Rectificador de onda completa:

un rectificador de onda completa es un circuito electrónico diseñado para convertir una señal de corriente alterna (CA) en una señal de corriente pulsante de salida (CC).

Amplificador operacional:

un amplificador operacional, comúnmente abreviado como op-amp es un circuito integrado de alta ganancia con dos entradas y una salida. Es un componente fundamental en electrónica analógica y se utiliza en una amplia variedad de aplicaciones, desde amplificadores simples hasta circuitos complejos.

PTR:

Un Perfil Tubular Rectangular (PTR), como su nombre lo indica, es una barra de acero hueca con una sección transversal rectangular. Esta característica lo hace extremadamente versátil y resistente, convirtiéndolo en uno de los perfiles de acero más utilizados en la construcción.

Acumulador:

un acumulador, comúnmente conocido como batería, es un dispositivo que almacena energía eléctrica en forma química.

Polea:

Una polea es una máquina simple que consiste en una rueda con un canal alrededor de su borde, por el cual pasa una cuerda o cable. Su función principal es transmitir una fuerza y cambiar su dirección.

PLANTEMIENTO DEL PROBLEMA, INTRODUCCIÓN, JUSTIFICACIÓN Y OBJETIVOS.

En los últimos años se ha dado una problemática de crisis energética; dicha problemática se presenta con dos circunstancias perjudiciales. Siendo la primera la urgencia del cambio de métodos de generación de energía a base de fuentes contaminantes por energías sustentables; se añade también el daño a comunidades en estado de marginación, ya que su misma condición conlleva una falta y necesidad de energía eléctrica. En datos estadísticos las circunstancias se encuentran en el siguiente estatus.

Métodos de generación de energía eléctrica contaminantes y la transición a energías renovables.

Tras el acuerdo internacional de parís; México se dio al compromiso de llegar a un 35% de uso de energías limpias para el 2024; para 2030 el uso de estas llegaría a un 45%. El método más usado para la generación de energía eléctrica es el de ciclo combinado; éste genera gases de CO_2 de efecto invernadero; en años como 2015, se generaron un aproximado de 683 millones de toneladas; tomemos en cuenta que año a año se acumulan las toneladas de CO_2 generadas al año.

Según datos del CONACYT de 2021. En México, las plantas generadoras de ciclo combinado representan el 57.7% de todos los métodos de generación de energía existentes en el país. Lo que hace ver que gran parte de la energía que se consume en el territorio proviene de fuentes contaminantes con el ambiente.

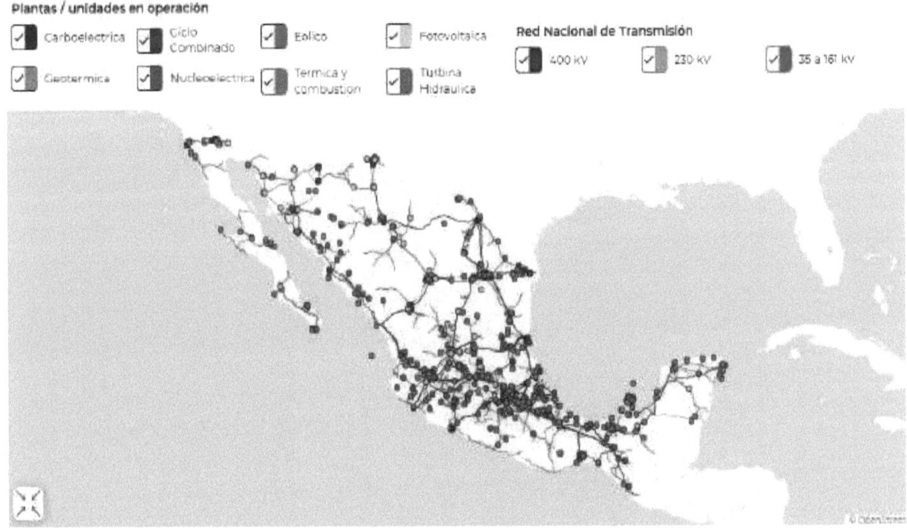

Figura 1 distribución de plantas generadoras [1].

La capacidad que tiene una central eléctrica para generar electricidad considerando la disponibilidad técnica de sus instalaciones y de los insumos energéticos que serán transformados en electricidad en dichas instalaciones, en la actualidad se considera que no es óptima su utilización de energía, por lo cual se está optando la generación de nuevas energías.

Crisis energética y falta de energía eléctrica en el territorio mexicano.

Según datos recabados por la SENER en un periodo de 2020 a 2021, existen un aproximado de 1,393 comunidades que presentan necesidad de energía eléctrica. Se ha encontrado que, en Zacatecas, municipios como Fresnillo y Pinos cuentan con comunidades las cuales no cuentan con energía eléctrica.

Según documentos de la SENER de 2021, existen 377 localidades de diferentes entidades federativas en México que tiene una necesidad de electrificación (SENER, 2022). (puede ser consultado en: https://base.energia.gob.mx/dgaic/DA/P/SubsecretariaElectricidad/RegionesSin Electricidad/SENER_07_Relacion2022SistAislados.pdf).

Propuesta para posible solución de crisis energética.

Estos datos se presentan para dar respaldo a la crisis que se está planteando. Se hace la necesidad de un método de generación de electricidad por medio de fuentes sustentables y que tenga la cualidad de ser transportable a comunidades que necesitan abasto de la energía eléctrica. Esta solución se presenta en los siguientes objetivos.

Objetivo general: Diseñar, planear, construir y evaluar un sistema de generación de energía eléctrica que comience con el movimiento del usuario aplicado en una bicicleta. Para que posteriormente pase a la transformación de energía eléctrica. Que tal máquina proporcione resultados tanto satisfactorios y alentadores para que pueda ser aplicado en comunidades aisladas, en desastres naturales, como lo son terremotos o huracanes.

Objetivos específicos:

• Observar e investigar el comportamiento de los sistemas de generación eléctricos y su funcionamiento, ya cuando re realizo la investigación y de acuerdo a los resultados, se va a usar con mayor compresión del sistema diseñado pael prototipo en cuestión de esta documentación.

• Que el prototipo cumpla con su funcionamiento, y se realizara propuesta para que este tenga una propaganda y se pueda utilizar en comunidades aisladas o en aquellas donde se tenga difícil acceso en la red eléctrica.

• También se hace la propuesta de que este prototipo sea utilizado en las grandes ciudades, donde son propensas a terremotos y en ciudades o estados donde estén cercas de playas, para el caso de que exista un desastre natural, como terremoto o huracanes.

• Dar a conocer el prototipo a la comunidad politécnica en congresos y eventos de divulgación tecnológica y científica. Al igual, y principalmente, que legue a ser puesto en funcionamiento para abastecer de energía eléctrica a comunidades.

MARCO TEÓRICO

<u>Generador eléctrico por inducción electromagnética.</u>

El generador eléctrico es un dispositivo que tiene la principal función de hacer la transformación de algún tipo de energía en energía eléctrica. En el caso del generador por inducción, crear energía eléctrica por medio de campos magnéticos y materiales conductores. Los generadores electromagnéticos con los más usuales tanto en aplicación como en estudio básico de la física clásica; ya que éstos son una aplicación directa de la ley de Faraday sobre la fuerza electromotriz inducida (F.E.M.), en donde, la variación de un campo magnético sobre algún conductor hace que en los extremos del conductor se produzca una diferencia de potencial o un voltaje (el voltaje siendo la F.E.M.). En términos simples: El movimiento de un imán estando cercano a un material conductor de la electricidad hará que de las terminales de este conductor exista un voltaje o corriente eléctrica [3] [4].

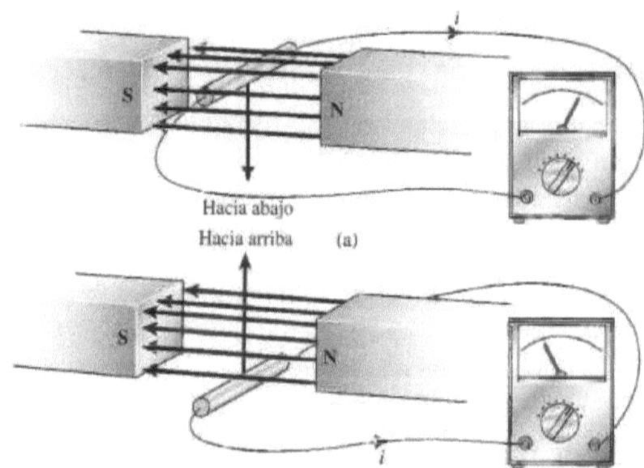

Figura 4 F.E.M. Inducida en un alambre recto y dos polos N y S [4]

Este es el fenómeno por el cual la corriente eléctrica se genera en un conductor eléctrico cuando se corta las líneas de un campo magnético variable. Como ya se mencionó anteriormente, este fenómeno fue descubierto por Michael Faraday, en donde se basa la idea de que un campo magnético cambiante induce una corriente eléctrica en un circuito cerrado.

La ley de Faraday establece que la magnitud de una fuerza electromotriz (fem) inducida en un conductor es proporcional a la variación del flujo magnético.

$$fem = -\frac{\Delta\Phi}{\Delta t}$$

Donde $\Phi = B.A\cos\theta$, es el flujo magnético.

La fuerza de Lorentz describe la fuerza que actúa sobre las partículas cargadas en movimiento dentro de un campo magnético.

$$\vec{F} = q(\vec{v} \times \vec{B})$$

La **inducción electromagnética en una espira cuadrada** con un imán se fundamenta en el cambio del flujo magnético a través de la espira, tal como lo describe la **Ley de Faraday**. Este fenómeno es crucial para el funcionamiento de generadores, transformadores y otros dispositivos electromagnéticos.

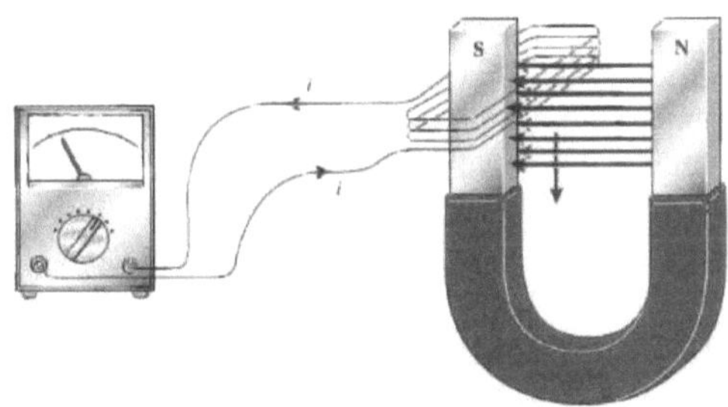

Figura 5 5 F.E.M. Inducida en espiras cuadradas y un imán de herradura [4]

La **inducción electromagnética en un solenoide o bobina** ocurre cuando el flujo magnético que atraviesa el solenoide cambia, generando una **fuerza electromotriz (fem)** de acuerdo con la ley de Faraday. Este principio es fundamental para el funcionamiento de generadores eléctricos, transformadores, y otros dispositivos electromagnéticos.

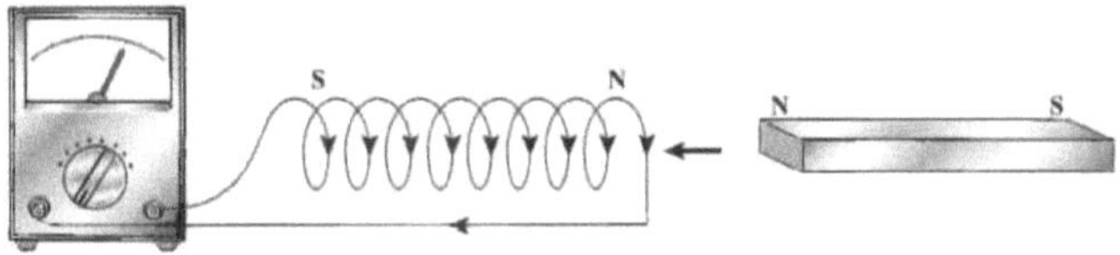

Figura 6 F.E.M. Inducida en un solenoide o bobina [4]

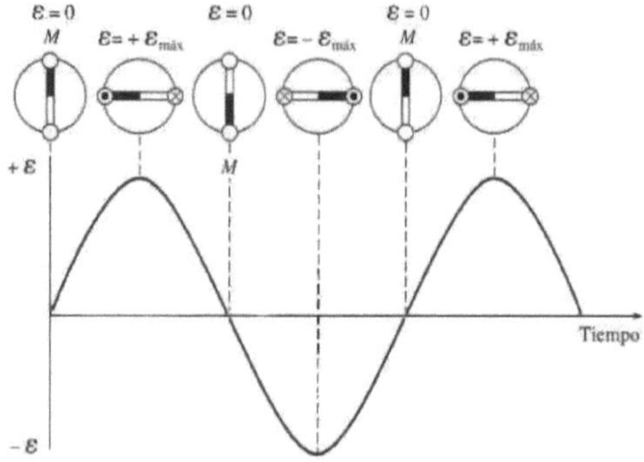

Figura 7 F.E.M. Inducida como señal de CA por el intercambio de polos del imán [4].

Los generadores que podemos encontrar en el medio que nos rodea pueden ser los motores de corriente directa. Los cuales contienen en su interior imanes permanentes y un conmutador en donde diversos devanados de cobre giran alrededor de los estos imanes, haciendo que del devanado genere un voltaje.

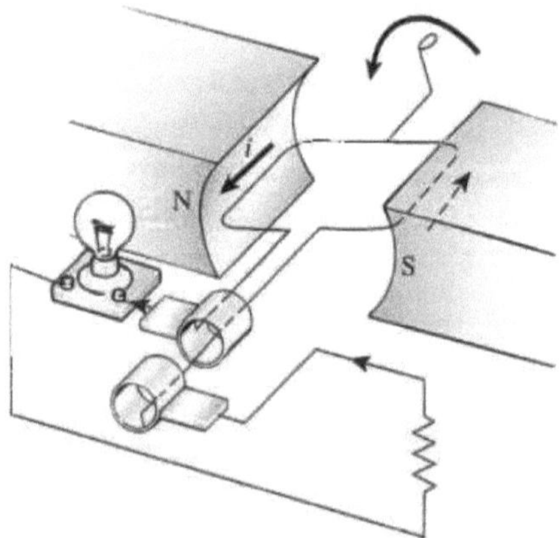

Figura 8 Generador de corriente directa [4].

Existen otro tipo de generadores como los alternadores, lo cuales por medio de la batería del automóvil excitan el rotor que es un electroimán, para que éste electroimán produzca en el estator del alternador corriente eléctrica [3] [4].

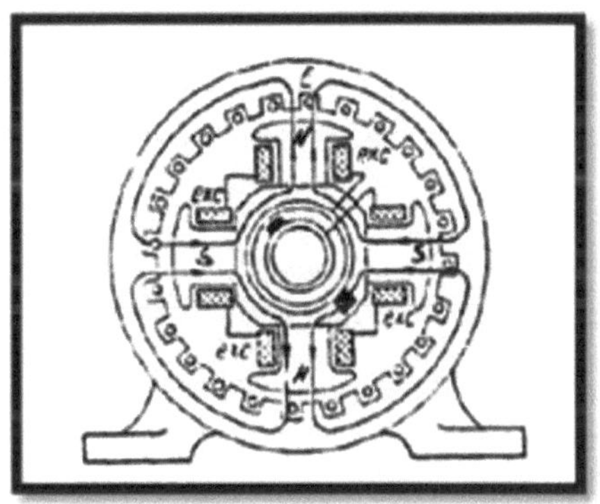

Ilustración 9 Esquema de los devanados de un alternador [3].

Un tercer tipo de generador tomado de motores pueden ser los motores de desagüe o drenaje de lavadora. Éstos son motores en donde el eje es un imán permanente que gira alrededor de dos núcleos de hierro conformados por láminas de hierro, estas láminas están como núcleo de un arreglo de bobinas de cobre en donde se hace una derivación para inyectar allí la corriente de 127vac. Sin embargo, al girar el eje de estos motores, el campo magnético induce a las bobinas con ayuda a los núcleos de hierro de las bobinas y de las bobinas se obtiene una F.E.M. Inducida, se obtiene una señal de corriente alterna ya que los polos del imán recorren los núcleos de forma alternada [5].

Figura 9 Motor de drenaje de lavadora 85w [6].

<u>**Transmisión de movimiento por medio de correas y cadenas.**</u>

La energía mecánica es aquel tipo de energía que consta de la capacidad de hacer trabajo a base del movimiento de los objetos de nuestro alrededor; sea este el movimiento de nuestro cuerpo, de automóviles, de fluidos, de objetos, etc.

Una de las aplicaciones ingenieriles que se le ha dado a la energía mecánica, es la implementación de mecanismos, éstos son los encargados de llevar conversiones de un tipo de movimiento a otro, además de esto, también son capaces de transmitir energía mecánica a largas distancias por medio de poleas, correas, engranajes y cadenas, en donde el movimiento giratorio puede ser llevado a distancias considerables.

Dos tipos de mecanismos son los rotativos, y dentro de éstos están la transmisión por medio de correas y por medio de cadenas. Ambas son métodos en donde el movimiento circular angular se transmite a distancia; la correa y la cadena son los responsables de esto, la ventaja que tiene este tipo de transmisiones a diferencia del contacto directo o los engranajes es la reducción de fricciones (en caso de las poleas) y el que tanto como la parte piñón y la parte motriz giren en un mismo sentido (en el caso de los engranes.

Estas transmisiones pueden reducir o ampliar tanto la velocidad como la potencia por medio de la relación de transmisión; es la razón proporcional, ya sea directamente proporcional o inversamente proporcional, en la cual cambia la velocidad o la potencia. Está dado por la siguiente fórmula [7].

$$r_T = \frac{Diam.\ entrada}{Diam.\ salida} = \frac{Z\ entrada}{Z\ salida} = \frac{\omega\ entrada}{\omega\ salida}$$

Ecuación 1

La relación de transmisión es adimensional, no tiene unidades, pues, mediante ella determinamos el resultado de nuestro mecanismo. Los casos diferentes se encuentran en la siguiente tabla.

Tabla 1 Velocidad y relaciones de transmisión en un mecanismo

	Ampliación	Reducción
Velocidad angular	$\omega salida = \omega entrada * r_T$	$\omega salida = \dfrac{\omega\ entrada}{r_T}$
Potencia	$Pentrada = Psalida * r_T$	$Psalida = \dfrac{Pentrada}{r_T}$

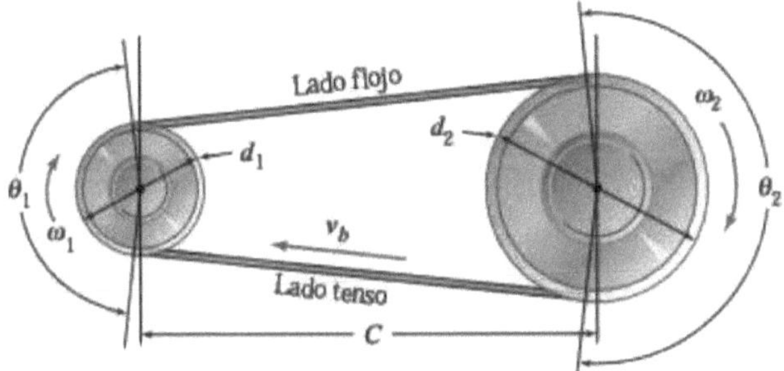

Figura 10 Transmisión de aumento de potencia, reducción de velocidad [7].

Conversión corriente directa-corriente alterna. Rectificador de onda completa tipo puente.

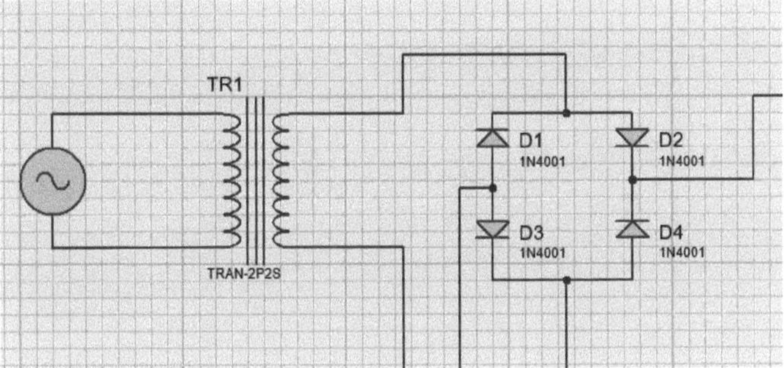

Figura 11 Puente rectificador.

El diodo rectificador es un componente electrónico pasivo que se encarga de permitir el paso de la corriente eléctrica en un solo sentido, siendo que, según como se coloque en un circuito puede tener una polarización directa o inversa (pasa o no deja pasar corriente). De modo que, si a un diodo rectificador se le introduce una señal de corriente alterna, este puede eliminar uno de los semiciclos de la señal, sea el positivo o el negativo. Un arreglo de 4 diodos, montados como se ve en la imagen, puede hacer que todos los semicírculos se hagan positivos, formando una señal de crestas de voltaje positivo. Al solo tener una señal compuesta de voltaje positivo solamente, se puede llegar a acercarse a lo que es la corriente directa.

Estas crestas como tal no representan la forma pura que se busca, de modo que se le añade una etapa de filtrado. Los filtros en la electrónica son etapas de los circuitos en donde se busca reducir o eliminar perturbaciones o frecuencias no deseadas; esto lo hacen por medio de circuitos RC. Dentro de estos filtros existen cuatro tipos básicos: Pasa-bajas, pasa-altas, pasa-banda, rechaza-banda. En el caso especial del rectificador, se hace uso de un pasa-bajas. Las crestas se cargan en un capacitor en paralelo con las salidas del rectificador y se descarga en una resistencia en paralelo con el capacitor, eliminando las crestas y creando así una señal más asemejada a la señal de corriente directa. La frecuencia a la cual el filtro comienza a atenuar es la siguiente.

$$f_C = \frac{1}{2\pi RC}$$

Ecuación 2

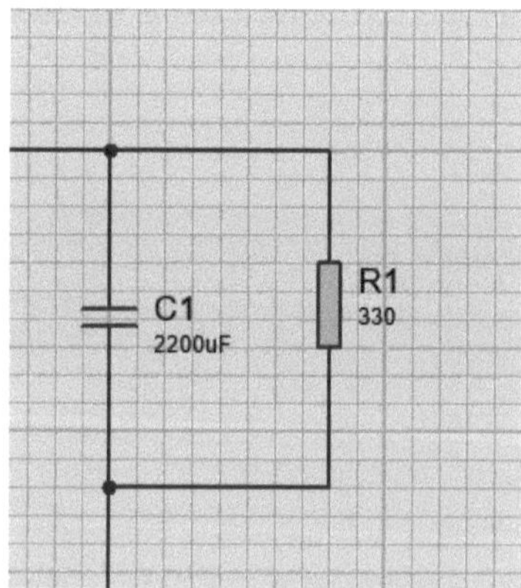

Figura 12 Filtro pasa-bajas para puente rectificador.

Almacenamiento de energía eléctrica por medio de celdas electroquímicas

Los acumuladores o baterías son celdas electroquímicas, en donde dos electrodos de distintos elementos o compuestos están sumergidos en ácido, este ácido produce una reacción química en uno de los electrodos que hace una liberación de electrones. Estas reacciones son el rompimiento del enlace en los compuestos de uno de los electrodos, lo que libera un ion de alguno de los elementos del electrodo; este se enlaza con los compuestos del ácido en donde están sumergidos los electrodos, lo que hace que a su vez se libere otro ion de algún elemento del ácido, finalmente, este último ion se enlaza con los compuestos del otro electrodo, y en esa formación de enlace se liberan electrones y se acumulan en este último electrodo.

Al tener un electrodo con exceso de electrones y al tener otro con escasez de éstos, se tiene una diferencia de potencial eléctrico entre estos electrodos o, una carga eléctrica en cada uno de los electrodos. Esta diferencia de cargas crea un campo eléctrico que tiene la capacidad de producir una corriente eléctrica cuando se coloca un material conductor entre los electrodos; ya que el campo eléctrico entre cargas de diferentes signos es el responsable de una diferencia de potencial (voltaje).

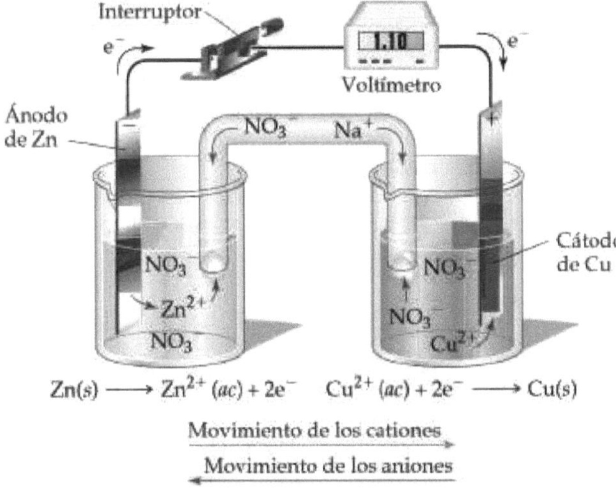

Figura 14 Adición a un puente salino a los electrodos de zinc y cobre para cerrar el circuito de la celda [8].

Gradualmente todos los compuestos habrán reaccionado y alcanzada estabilidad, por lo cual deja de haber voltaje entre los electrodos. Esta reacción es reversible, ya que, si le añade electrones al electrodo en donde se concentran inicialmente, los compuestos que se enlazaron y liberan iones inicialmente, se verán obligados a regresar para volver a estabilizarse, haciendo que cada ion que se había liberado previamente regrese a el compuesto donde solía estar. En términos prácticos es un dispositivo capaz de almacenar energía eléctrica y suministrarla, al igual que puede ser recargada cuando se le inyecta corriente eléctrica.

<u>**Inversores de corriente, ensayo de inversor analógico.**</u>

Actualmente existe un método para hacer la conversión de corriente directa en alterna, los dispositivos que se encargan de hacer esto se les conoce micro "inversores"; los inversores comerciales y más utilizados en el mercado hacen uso de la siguiente técnica:

Un microcontrolador crea una señal cuadrada de formato SPWM, la cual es una señal cuadrada modulada. La señal tiene la especialidad de que, en éste tipo de modulación puede manipular el corte y saturación de cuatro transistores de potencia, y estos transistores son los encargados de construir una onda senoidal punto a punto, de modo que con el uso de un transformador de elevador se puede subir el voltaje a los 110v o 127v, siendo éste el voltaje utilizado en las instalaciones eléctricas residenciales.

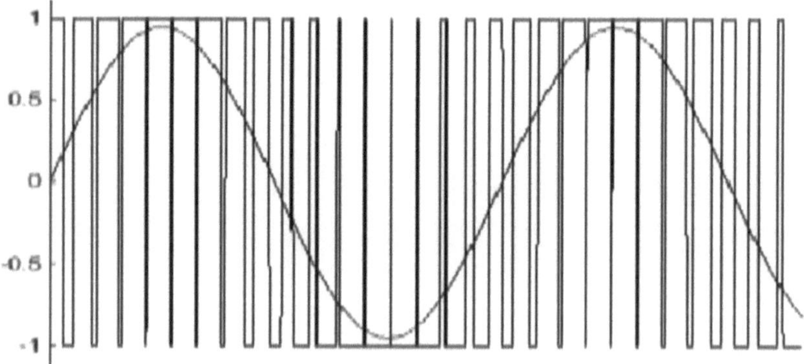

Figura 15 Señal SPWM [9].

Estos inversores son eficientes y útiles, sin embargo, cuentan con diversas desventajas sobre la transpirabilidad, el tiempo de vida útil y que suelen llegar a tener costos elevados mientras más potencia se quiera adquirir el inversor. Aquí se abre la puerta a darle oportunidad a viejas técnicas de oscilación para los transmisores de radio o de señal que solían usarse en las telecomunicaciones. Se pretende recobrar las técnicas que se utilizaban en los tipos de la predominancia de la electrónica analógica y darles un estudio y ensayo físico si logran los mismos resultados que los inversores actuales. Se trata de un inversor analógico.

Alrededor de los ámbitos del desarrollo de radios y televisores anabólicos, existía una técnica por la cual se realizaban creación de ondas electromagnéticas y oscilaciones a partir de circuitos de corriente directa. Esta técnica era crear osciladores sinodales a partir de un circuito tanque o circuito resonante RC, RL o RCL.

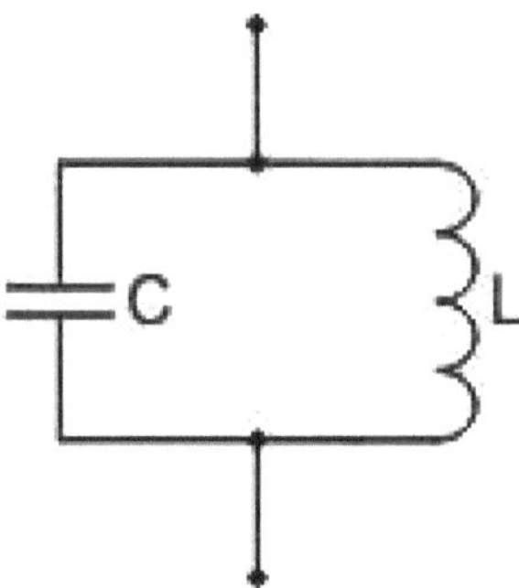

Figura 16 Circuito resonante CL [10].

La resonancia u oscilación entre este tipo de circuitos da cuando en un circuito se encuentran un capacitor conectado en paralelo con un inductor y presente hay una resistencia (RCL); dentro de este circuito, el capacitor se carga y se descarga en el inductor, este inductor se descarga en el capacitor volviéndolo a cargar, repitiendo el proceso otra vez. La resistencia hace que, entre las resistencias del capacitor, del inductor y de la resistencia hacen un promedio de impedancias que varía al paso del tiempo. Gracias a los periodos de carga y de descarga entre el capacitor, si se toma el voltaje de ahí, obtendremos oscilaciones de naturaleza sinusoidal que reduce de amplitud a lo largo del tiempo. Éste fenómeno se le conoce como resonancia electromagnética y circuito tanque.

Gracias a los circuitos tanque se han llegado de cuatro tipos de osciladores senoidales utilizados en los radios y televisores. Uno de éstos, conocido por su estabilidad y su capacidad de crear bajas frecuencias es el oscilador puente de Wien. En este circuito se hace uso de un circuito tanque de dos capacitores y dos resistencias, ambos del mismo valor. Un capacitor y una resistencia se colocan en paralelo y los otros dos en serie, el arreglo paralelo se carga y se descarga en el arreglo en serie. Para continuar con una señal periódica que no reduzca su amplitud, a esta oscilación entre circuitos RC se le añade un amplificador operacional en modo no inversor, que amplifica la oscilación del circuito tanque y que, a su vez, la salida del amplificador es realimentada por el capacitor y la resistencia en serie, lo que logra unas señales sinusoidales pura y periódica. El amplificador se encuentra en modo no inversor.

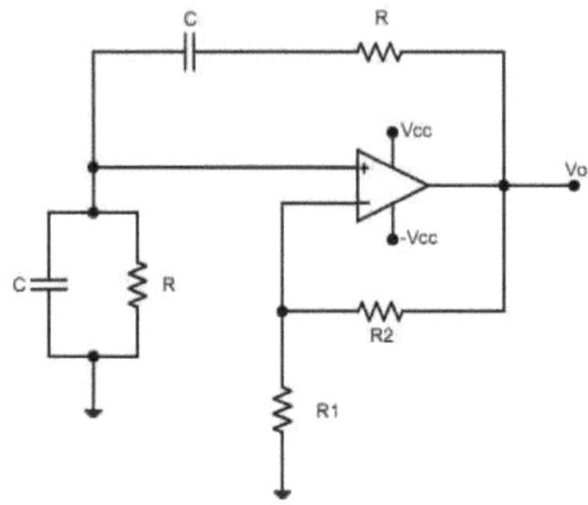

Figura 17 Oscilador puente de wien [10].

Entendiendo matemáticamente este oscilador, tenemos en puente de wien sin el amplificador operacional. Dado del siguiente esquema.

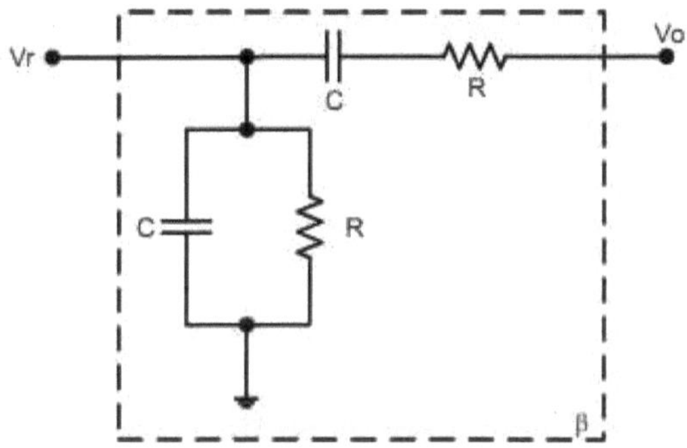

Figura 18 Puente de wien fundamental [10].

Si prestamos atención a la naturaleza de este circuito, notaremos que es la combinación de un filtro pasa-bajas y un filtro pasa-altas que forman un filtro pasa-bandas. Como se dijo anteriormente, es necesario que, en este tipo de circuitos, las impedancias formen una variación, en donde su pico será la frecuencia de resonancia (frecuencia necesaria para que se haga la oscilación en el circuito), dicha frecuencia se establece en base al valor de los componentes, pero, para establecer el valor de los componentes partiendo de una frecuencia deseada, tomamos los valores de las impedancias del filtro.

La impedancia del primer filtro (Z1) y del segundo filtro (Z2) están dadas por las siguientes fórmulas [11].

$$Z_1 = R_1 + \frac{1}{j\,\omega\,C1}; \qquad Z_2 = \frac{R_2}{1 + j\,\omega\,R_2 C_2}$$

Ecuaciones 3

Con las mismas impedancias, se pueda saber el voltaje que se obtiene en un divisor de tensión; puesto que está dado por la ecuación 3.

$$V_0 = \frac{Z_2}{Z_1 + Z_2}\,V_{in}$$

Ecuación 4

De modo que, sustituyendo las impedancias con las fórmulas de impedancia de los filtros, obtenemos la ecuación 4:

$$\frac{V_0}{V_{in}} = \frac{\dfrac{R_2}{1 + j\,\omega\,R_2 C_2}}{\left(R + \dfrac{1}{j\,\omega\,C1}\right) + \left(\dfrac{R_2}{1 + j\,\omega\,R_2 C_2}\right)}$$

Ecuación 5

Para hacer más sencilla la simplificación y no entrar en conflictos de diseño, establecemos que R1=R2 y que C1=C2. Modificando la fórmula como la siguiente ecuación 5.

$$\frac{V_0}{V_{in}} = \frac{\dfrac{R}{1 + j\,\omega\,RC}}{\left(R + \dfrac{1}{j\,\omega\,C}\right) + \left(\dfrac{R}{1 + j\,\omega\,RC}\right)}$$

Ecuación 6

Después de varias simplificaciones llegamos a la siguiente fórmula. La ecuación 6.

$$\frac{V_0}{V_{in}} = \frac{1}{3 - j\left(\dfrac{1 - \omega^2 R^2 C^2}{\omega R C}\right)}$$

Ecuación 7

Encontramos esta fórmula, sin embargo, la fórmula sigue trabajando con elementos desconocidos (siendo la frecuencia angular "ω" y "j"). Aquí entra en juego un criterio para que se esté en la resonancia, para que esto ocurra, el desfase que hace el filtro pasa-bandas del puente tiene que ser 0, y para que este desfase sea 0, los elementos desconocidos de ω, R y C deben tener un valor de cero; así nos permitiremos esta igualación de la ecuación 7.

25

$$\omega^2 R^2 C^2 = 1$$

De este modo, hacemos un despeje para la frecuencia angular, ya que nos servirá para obtener su valor en componentes que pueden ser conocidos. Ecuación (8).

$$\omega = \frac{1}{RC}$$

Al ser cero, la división que está en el denominador de la fórmula simplificada tendrá un valor neto de 0, por lo que solo nos quedará la relación de voltaje cero y voltaje de entrada en la ecuación 9.

$$\frac{V_0}{V_{in}} = \frac{1}{3}$$

Al observar cómo esta relación es una fracción propia (fracción donde el denominador es mayor al numerador), podemos aterrizar en la conclusión de que el filtro del puente de wien va a hacer una atenuación si se le aplica una señal a la frecuencia de resonancia que necesita. Esto significa que hay que añadir al puente un elemento de amplificación de señal que resuelva la cuestión de la atenuación, siendo el amplificador operacional el encargado de esto.

Tomando una fórmula de ganancia para el modo no inversor de un amplificador operacional, establecemos que la ganancia tiene que ser igual o mayor a 3 para poder contrarrestar la relación del puente. Dicha fórmula está dictada en la ecuación 10.

$$Av = \frac{R_1 + R_2}{R_2} \geq 3$$

Con tal de definir el valor de una resistencia, asignándole un valor deseado a la otra, despejamos la R1 de la desigualdad en la ecuación 11.

$$Av = R_1 \geq 2R_2$$

Habiendo resuelto la cuestión de la amplificación de la señal, queda como último detalle el cómo establecer los valores de los componentes a la frecuencia que uno desee. Este último paso necesita de la fórmula de la frecuencia angular dentro de una onda, que está dada por la ecuación 12.

$$\omega = 2\pi f$$

Recordando que $\omega = \frac{1}{RC}$; despejamos

$$f = \frac{1}{2\pi RC}$$

Es esta finalmente la fórmula que nos ayudará a determinar los valores de R y C para la frecuencia a la que queramos que trabaje el oscilador. La ecuación 14, la cual llamaremos "Frecuencia de operación".

$$f_O = \frac{1}{2\pi RC}$$

Amplificador operacional inversor y no inversor

Son circuitos y configuraciones básicas que puede tener el amplificador operacional, estas dos configuraciones se encargan de enviar una señal de salida que sea directamente proporcional a la señal de entrada. La diferencia del modo no inversor y el modo inversor está en la terminal por la cual entra la señal. Si es la terminal no inversora, la señal de salida tendrá la misma fase que la señal de entrada, cuando la señal entra por la terminal inversora, la señal será puesta es desfase de 180° con respecto a la de entrada (se invierten los ciclos).

El Amplificador modo no inversor tiene el siguiente diagrama y la ganancia está determinada por la siguiente fórmula.

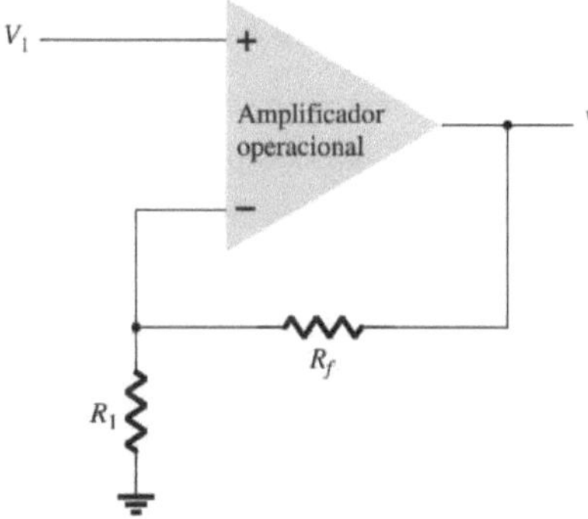

Figura 19 Amplificador operacional modo no inversor [12].

$$Av = \frac{R_f}{R_i} + 1$$

Para el modo inversor se tiene este diagrama y esta fórmula para la ganancia.

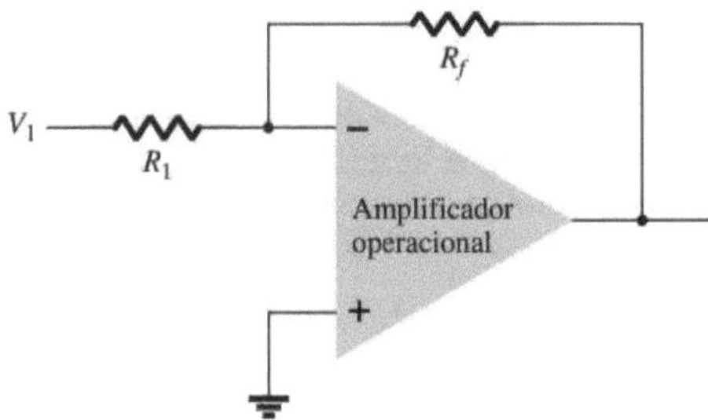

Ilustración 22 Amplificador operacional modo inversor (Boylestad & Nashelsky, 2009).

$$Av = -\frac{R_f}{R_i}$$

__Manufactura de productos por arranque de viruta.__

Los procesos que involucran piezas que se realicen con un torno, fresadora o máquinas herramientas similares; son una categoría específica de la industria manufacturera. Su clasificación viene de la forma en la que realizan sus piezas, ya que moldean la pieza a base del desbaste con una herramienta afilada. De este proceso surgen piezas como bujes, pernos, tornillos, tuercas, cuñeros, poleas, etc. [13].

Figura 20 Torno Convencional [14].

<u>**Manufactura por soldadura por arco.**</u>

Varios procesos donde se hace manufactura de piezas tienen una parte del proceso en donde se hace una unión por soldadura, La soldadura es de los procesos de manufacturación más económicos para la unión de dos metales. La soldadura tiene diferentes métodos para a hacer ésta unión de piezas; una de las más usuales es el método de arco eléctrico, el cúal, consiste en crear un arco eléctrico en donde el arco se forma entre el electrodo y la superficie donde se esté soldando, Este arco eléctrico funde piezas de acero de bajo carbono y permite

soldarlos con la reagrupación de las moléculas de la materia del otro metal. El método de arco tiene la limitación de solo poder soldar materiales de acero oxidable o de bajo carbono, sin embargo, a diferencia de otros métodos, éste tiene mayor diversidad de técnicas de soldadura.

El arco eléctrico es un fenómeno físico que se presenta cuando la diferencia de potencial entre el electrodo de soldadura y la superficie sobrepasa la rigidez dieléctrica del aire, lo que hace que el aire empiece a conducir la corriente eléctrica por medio de un rayo (arco eléctrico).

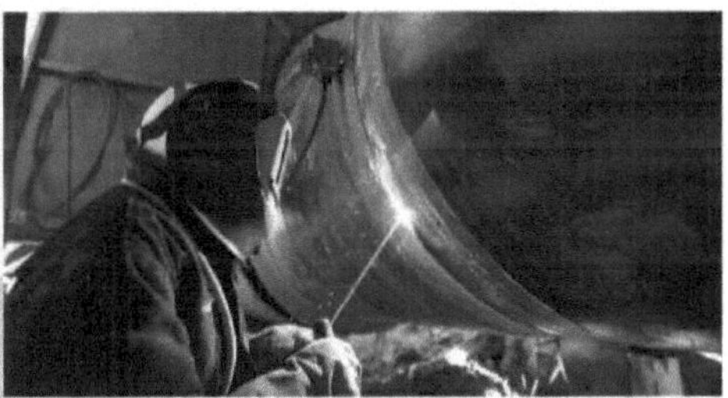

Figura 21 Soldadura por arco [15].

MATERIALES

<u>**PTR C150 calibre 18**</u>

Material de acero de bajo carbono, éste es pesado pero resistente ante la aplicación de presión y fuerza, por lo que fue usado para la parte baja de la base principal.

Figura 22 PTR C150 [16].

Perfil tubular C150 calibre 18

Éste material fue utilizado como la principal materia para la base que suspendería en el aire la rueda trasera de la bicicleta, éste fue escogido en preferencia al PTR, ángulo o placa; debido a su ligereza, misma que haría más sencilla el acople de la bicicleta con la base resultante.

Figura 23 Tubular C150 [17].

Bicicleta

La bicicleta contaba con el mecanismo de cadenas de lo siguiente:

1.- Engrane de bicicleta conductor con piñones Éste es el engranaje que gira a partir del movimiento de la bicicleta, por ende, quien inicia la transición de movimiento que lleva el proceso (el movimiento como tal inicia desde el esfuerzo de las piernas al impulsar los pedales). El engrane cuenta con varios piñones en su parte trasera, siendo la cara frontal la de mayor cantidad de diente, y las posteriores disminuyen su cantidad de dientes.

2.- Engrane conducido de bicicleta con piñones este engrane recibe el movimiento trasmitido por cadena del primer engrane, éste de los más cruciales en el proceso de transmisión ya que el movimiento de éste se realiza en conjunto con la rueda trasera de la bicicleta. Al igual que el primer engrane, cuenta con piñones, la diferencia es que éstos se encuentran en la parte delantera del engranaje.

3.- Cadena de transmisión: Es el elemento por el cual el engrane conductor transmite el movimiento al conducido para el movimiento de la rueda trasera. Ésta cadena tiene la peculiaridad de ser intercambiable entre los diferentes piñones del engrane, esto para cambiar las velocidades que tendrá la rueda trasera.

4.- Tensores de cadena Como se mencionó anteriormente, la cadena se intercambia entre los diferentes piñones, el cambio de piñones tiene repercusiones con la longitud de la cadena, ya que la relación de transición tiene repercusiones en la longitud que debería tener la cadena, de modo que la bicicleta cuenta con tensores de cadena que se ajustan conforme a la relación de transmisión a la que estén los engranes.

5.- Rueda de tracción de bicicleta: Ésta es la rueda trasera de la bicicleta, y el último elemento mecánico antes del generador, La rueda gira a las mismas revoluciones que el engranaje conducido, el diámetro de la rueda es de 58.05cm.

Figura 24 Bicicleta.

Acumulador PKCELL.

Acumulador/batería de 12v Una batería acumuladora de la marca Pickcell de ácido. El acumulador es de 12v a 12Ah.

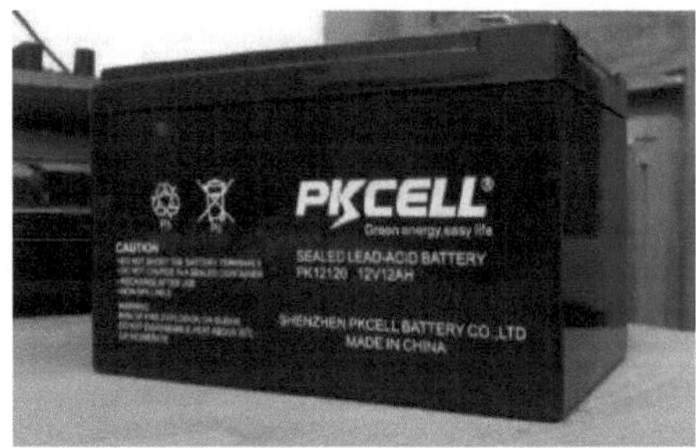

Figura 25 Acumulador PIKCELL.

Acumuladores STEREN

Dos acumuladores de 12v, 4Ah; se colocaron en serie para formar una fuente dual de -12v y -12v. Serían usados para alimentar la etapa de potencia del circuito inversor.

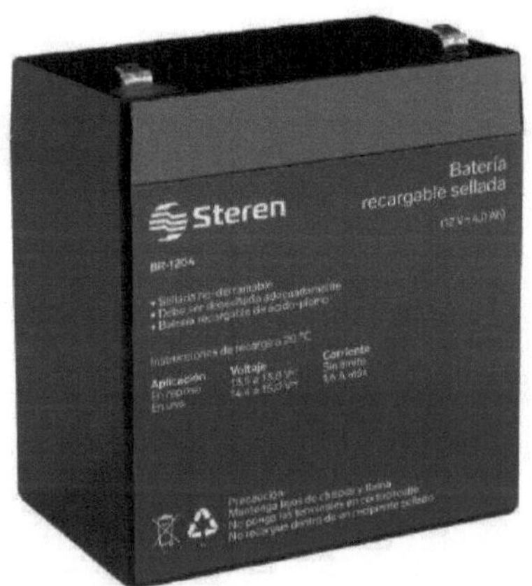

Figura 26 Acumulador Steren 12v 4Ah [18].

Electrodo 6013 punta naranja.

Con estos electrodos se soldó la base principal, aunque no es el tipo de electrodo ideal para la técnica más adecuada en PTR o perfil tubular; se utilizó por la facilidad que tiene para formar el arco.

Figura 27 Electrodos 6013 punta naranja [19].

Polea tipo A barrenada 5/8in.

Se encuentran en los motores eléctricos trifásicos o monofásicos de los 0.5hp a los 3hp de potencia, el diámetro interior de estas poleas tiene que ser de 5/8 de pulgada. Su diámetro exterior es de 8.8cm.

Figura 28 Polea 5/8 in.

Coples araña #75.

Son usados para acoplar dos barras sólidas que se suelen usar en las máquinas, especialmente cuando éstas giran. Para las necesidades de la bicicleta, este cople se dividió en sus dos partes principales y cada una se asignó a las aspas de los generadores.

Figura 29 Cople araña #75.

Espárrago roscado 3/5in.

La barra roscada fue el soporte del manubrio de la bicicleta una vez que éste fuera despojado de la rueda delantera, se optó que fuese roscada para poder sujetar con fuerza el manubrio mediante tuercas y arandelas.

Figura 30 Esparrago roscado [20].

Tornillo industrial 1in.

Estos son tornillos de bajo carbono, su uso fue principalmente para ser la columna de la brida que sujeta el asiento de la bicicleta.

Figura 31 Tornillo industrial.

<u>Solera 1/2in.</u>

Placas delgadas, al ser de bajo carbono y de longitudes largas, fue posible moldearlas sin necesidad de procesos térmico, solamente con fuerzas de torca. Estas soleras serán el brazo de la brida que sujetará el cuerpo de la bicicleta que ésta posterior al asiento.

Figura 32 Solera.

<u>Banda/correa tipo A 70in de largo.</u>

Banda utilizada para la transmisión de la rueda trasera a la polea barrenada.

Figura 33 Banda/correa tipo A.

Chumaceras de 5/8in

Parte móvil sobre la cual se apoya el eje de coal-roll.

Figura 34 Chumacera 5/8in.

Motor desagüe de lavadora ICE SHADOW.

El generador que se empleó para el proyecto surge del uso de un motor de desagüe de lavadora como un generador, esto ya que este tipo de motores tiene imanes permanentes, un grupo de bobinas enrolladas en núcleos de hierro;

de modo que girando el eje del motor (que es donde se encuentra el imán), gira alrededor de dos núcleos de hierro que tienen enrollados los arreglos de bobinas. El motor utilizado es un motor de desagüe de lavadora de la marca ICESHADOW del modelo IMLAV001.

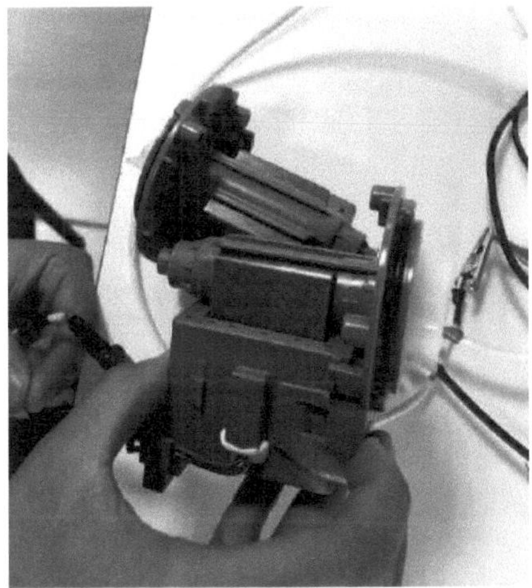

Figura 35 Motor de desagüe de lavadora 85w ICE SHADOW.

Gabinete para proyectos electrónicos.

Los sistemas electrónicos que controlan y regulan la señal de los generadores fueron puestas en esta caja por términos de practicidad y estética, al igual que comodidad de operación.

Figura 36 Gabinete para proyectos [18].

<u>**Diodo rectificador 1N5408.**</u>

Diodo rectificador capaz de soportar señal de CA cercanas a los 3A. Por lo general pueden soportar también voltajes entre los 100vac y los 600vac. Fuerón usados en los puentes rectificadores de los generadores.

Figura 37 40 Diodo rectificador 3A [18].

<u>**Capacitor 2.200uF. 50V.**</u>

Capacitores para el filtro pasa-bajas que está después de los generadores.

Figura 38 Capacitor 2,200uF [18].

<u>**Resistencias 10kΩ, 1w.**</u>

Tuvieron su uso tanto en los rectificadores como la resistencia de descarga del filtro y en el circuito inversor en su primera etapa, haciendo un divisor de tensión, que, junto al capacitor de 47uF, crearon una tierra virtual para el circuito tanque y el amplificador operacional.

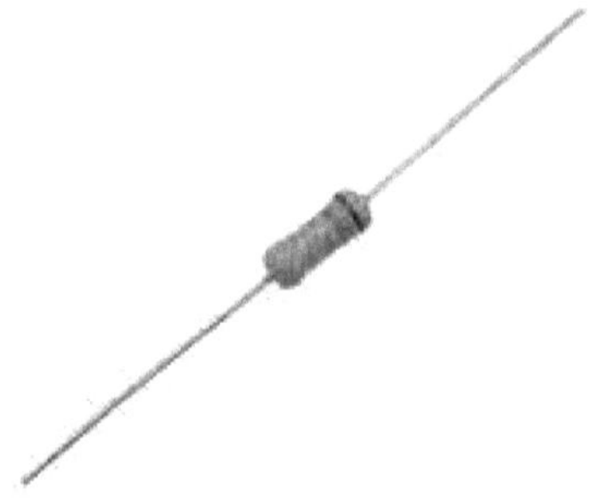

Figura 39 Resistencia 10kΩ [18].

<u>**Reguladores de voltaje 12v y 24v.**</u>

Usados en las salidas de los rectificadores. Uno para que la salida no exceda los 12vcc, ya que le corresponde a la primera etapa del circuito inversor, el segundo regulado a 24v para la segunda etapa del circuito, la etapa de potencia.

Figura 40 Regulador de voltaje 12v L7812 [18].

Figura 41 Regulador de voltaje LM317 [18].

Capacitor 100nF.

Éstos dos capacitores son los que conformarán el circuito tanque del oscilador, uno ésta puesto en RC paralelo y el otro en RC en serie.

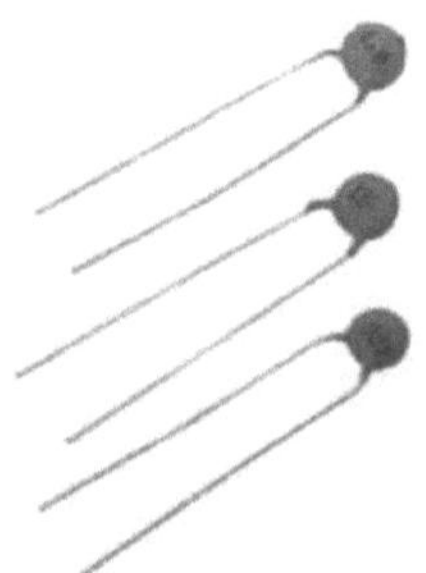

Figura 42 Capacitor 100nF [18].

Resistencias 22kΩ.

Son las resistencias respectivas de los capacitores, para junto con ellos formar el circuito tanque.

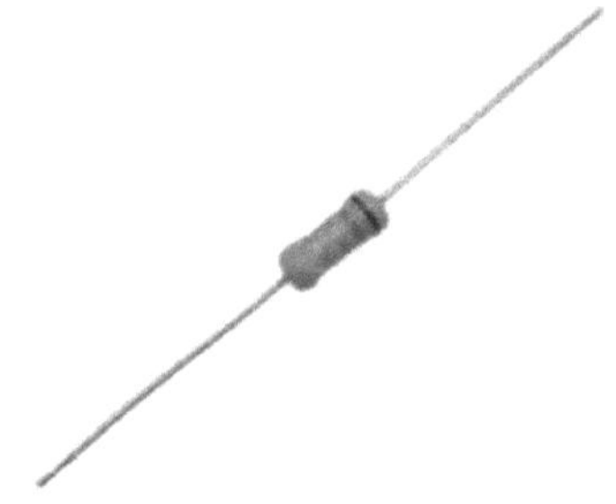

Figura 43 Resistencia 22kΩ [18].

Resistencia 51kΩ.

Ésta, junto con el potenciómetro de 50KΩ, hacen el divisor de voltaje que es quien ajusta la ganancia del modo no inversor de un amplificador operacional.

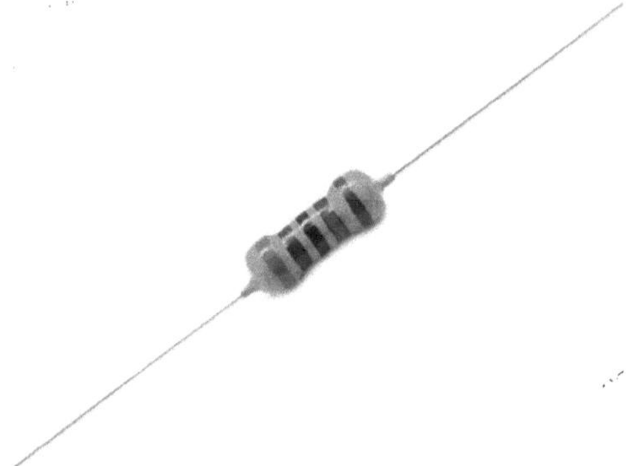

Figura 44 Resistencia 51kΩ [21].

Resistencia 15KΩ.

Es usada específicamente en la segunda etapa del circuito inversor, es la Rf del amplificador operacional de la segunda etapa.

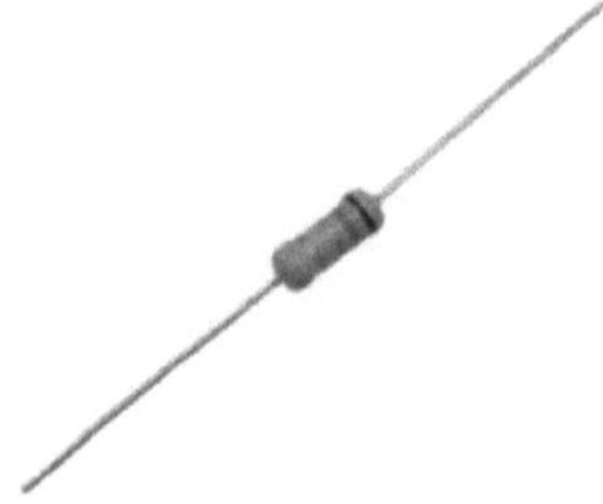

Figura 45 Resistencia 15kΩ [18].

Potenciómetro 50kΩ.

Cumple la función de la Ri en en el amplificador operacional de la primera etapa del circuito de inversión. Ésta modifica la ganancia, por lo que puede mejorar la pureza senoidal de la oscilación e los capacitores y las resistencias, además de modificarla frecuencia de la misma oscilación.

Figura 46 Potenciómetro 50kΩ [18].

Potenciómetro 10kΩ.

El regulador de voltaje de 24v necesita el uso de un potenciómetro, que le permita llegar a los valores de voltaje entre los 0vcc y los 30vcc, los diagramas de armado establecen un potenciómetro, de 10kΩ.

Figura 47 Potenciómetro 10kΩ [18].

Capacitor 47uF, 50V.

Es la primera parte la etapa de conversión de CD a CA, sirve para crear un negativo o tierra virtual para que alimente aparte el circuito tanque del oscilador.

Figura 48 Capacitor 47uF [18].

Amplificador operacional UA741 y LM741.

Son los encargados de amplificar la oscilación del circuito tanque y mejorar la calidad de señal de salida, también amplifican la señal de salida de la primera etapa del oscilador.

Figura 49 Amplificador operacional UA741 [18].

Cable INDIANA calibre 12AWG.

Se usó como conductor que conecta los generadores con la entrada del puente rectificador.

Figura 50 Cable indiana calibre 12AWG. Negro y blanco [22].

Condulet VOLTECK 1/2in.

Para poder tener el cable en cierta conducción y un lugar donde guardar la holgura que se le dió al cable, se usó condulet, ya que satisfacía ambas partes sin necesidad de conseguir chalupas y tubo conduit.

Figura 51 Condulet para conduit de ½ [23].

Placa fenólica 70x45 STEREN.

En esta placa se montó el circuito inversor con los amplificadores operaciones.

Figura 52 Placa fenólica perforada 7x14cm [18].

Barra de acero coal-roll 5/8in.

Esta sería el eje principal del mecanismo que impulsa a los generadores, sobre esta barra están puestas la polea, el cople y las chumaceras.

Figura 53 Barra acero sólida coal-roll 5/8in [17].

Terminales coaxiales RG58 y cable coaxial RG58.

Al circuto inversor se le fueron adaptadas terminales coaxiales en sustitución de tomacorriente convencionales o de puntas caimán.

Figura 54 Cable coaxial RG58 [18]

Tablero interactivo de instalaciones eléctricas en baja tensión casero.

Es usado como instrumento de pruebas para comprobar la potencia generada por la bicicleta. Cista de tres focos LED de 1w, un contacto luz y fuerza, centro de carga monofásico Q1, tres chalupas cuadradas, 3 socket, 3m de poliducto corrugado de 3/4in, cable calibre 14AWG.

Figura 55 Tablero interactivo de instalaciones eléctricas.

METODOLOGÍA

Restauración de la bicicleta.

La bicicleta presentaba un movimiento discontinuo cuando se giraba la rueda trasera, por lo cual, se llevó a cabo un mantenimiento correctivo en donde se cambió vaso del rodamiento de la rueda por un par nuevo, ya que estos vasos provocavan el movimiento inestable.

Figura 56 Bicicleta previa a las modificaciones y a el cambio de vasos.

Diseño de la base.

La base requirió de tomar la distancia entre pedales y rueda trasera, de pedales y manubrio, de rueda delantera a rueda trasera y de eje de rueda delantera a eje de rueda trasera. Con estos datos, se creó una estructura de base que siguiera lo más cercano posible las reglas áureas para los rectángulos. Teniendo un perímetro de 120cm por 60cm.

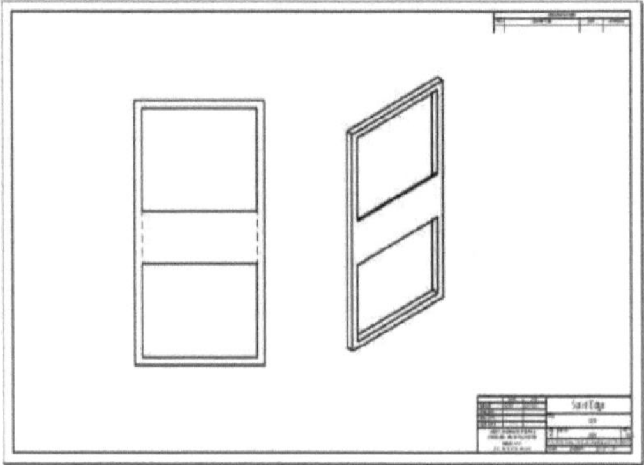

Figura 57 Boceto de la base principal y medidas de la bicicleta.

Creación de la base.

La base fue construida con el perfil tubular mencionado en el marco teórico. Se utilizaron electrodos 6013 y de punta naranja. La técnica que se decidió usar fue cordón por punteo.

Figura 58 Realización de la base principal.

Las uniones de la base se realizaron sin ningún tipo de corte angular a los extremos del PTR, simplemente se colocaron a 90°, esto porque las medidas y cortes fueron a las medidas exactas del diseño y de haber realizado los ángulos de 45° se hubiese perdido varios centímetros de la base.

Figura 59 Base principal.

La sub-base en donde se montó el mecanismo con la polea fue, ahora sí, hecha con cortes a 45° en los extremos. La sub-base fue un prisma rectangular de 20 cm por 60 cm de ancho de la base principal.

Figura 60 Sub-base para generador y mecanismo de acople.

Adecuaciones a la bicicleta.

A la rueda trasera se le hizo una modificación, retirando la cámara de la rueda, para exhibir el rin. La forma del rin sería útil para asemejarse a una polea, de modo que, sería por medio de una banda y de otra polea, la etapa final de transmisión mecánica. Pero previo a esta etapa; los pedales giran simultáneamente con una rueda dentada que por medio de cadenas impulsa a otra rueda dentada con diversos piñones. El último mecanismo del generador es la rueda trasera adaptada como polea, impulsando a una polea de aluminio que es donde se llevará a a cabo en movimiento de los generadores.

Figura 61 Rueda trasera con cámara extraída y con la banda puesta.

Diseño de brida.

También fue diseñada una brida que sujeta la bicicleta de la parte baja del área de los pedales con el cuerpo de la bicicleta (de los pedales al manubrio). Para esto se requirió el uso de un vernier y un flexómetro.

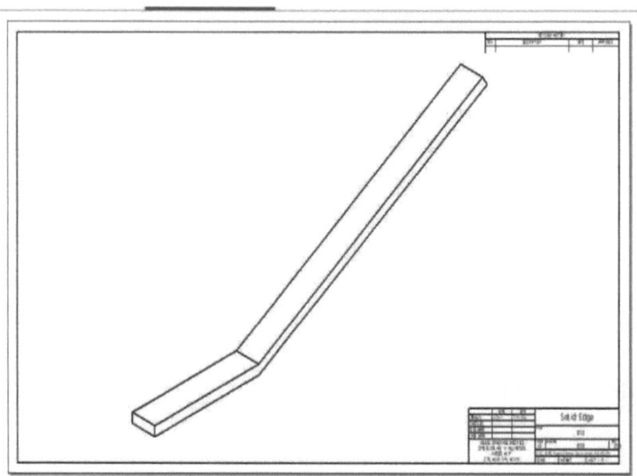

Figura 62 Boceto preliminar de la brida.

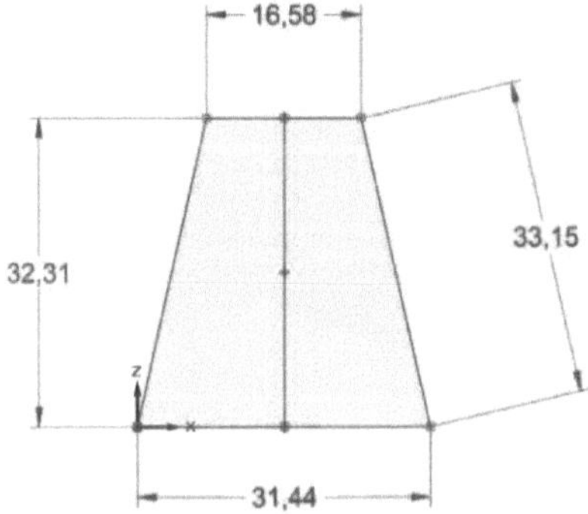

Figura 63 Medidas del triángulo inferior del asiento de la bicicleta.

Con las medidas tomadas, se determinó usar un tornillo que sea el eje que sujete el triángulo inferior que está por debajo del asiento.

Por debajo de este tornillo se sueldan soleras, y se doblarán para hacer un brazo que sujeta el resto del cuerpo de la bicicleta. De ahí por qué el cuerpo de la bicicleta también fue medido.

Creación de brida.

Tanto el tornillo como las soleras se soldaron conforme a lo pensado en el diseño, solamente fue necesario pulir la superficie del gato de tornillo, este gato contaba con pintura en la parte que sujeta las cargas, por lo que fue pasado por un esmeril y así, se procedió a soldarse con la brida.

Figura 64 Tornillo puesto como eje.

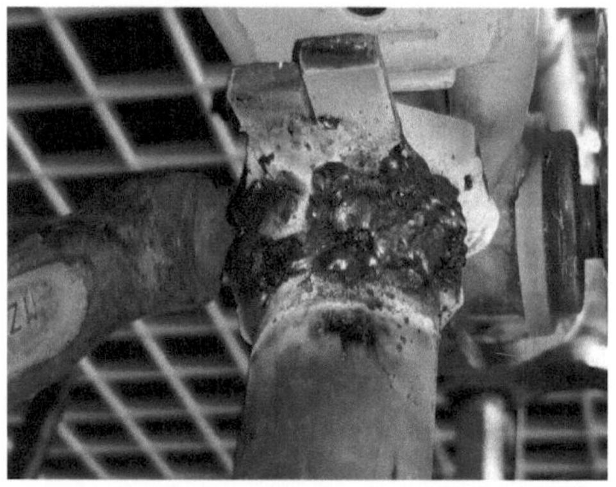

Figura 65 Soldadura entre el tornillo, la solera y el gato.

Ilustración 70 Deflexión de la solera al cuerpo de la bicicleta.

Figura 66 Ajuste solera-cuerpo.

La técnica usada para realizar esta brida fue la de cordón por retroceso, los materiales tenían el suficiente grosor como para hacer el cordón continuo sin puntear el arco.

Figura 67 Resultado de la brida.

Maquinado coples, polea y coal-roll.

Los coples presentan un diámetro mínimo, de modo que por medio de un torno se ajuste al diámetro que se desee.

Figura 68 Diámetro inicial del cople y diámetro barrenado

Figura 69 Barrenación del cople en torno.

Montado de la bicileta en la base.

Figura 70 Bicicleta montada en la base principal.

Acople generadores-mecanismo.

La polea final hace girar a los generadores ya que, la polea tiene en su barrenado una barra de acero cold roll; esta barra tiene en sus extremos una mitad de un cople araña, de modo que el acople araña sujeta la figura de las aspas del generador. Las partes de la barra en donde se encuentran la polea y los coples tienen un maquinado de cuñero para colocar cuñas y opresores. Cosas maquinadas en una fresadora. Ajustar el diámetro de los coples con el del coal roll fue tarea de un barrenado en el torno convencional.

Para el mecanismo se sacaron relaciones de transmisión de todas las coronas y piñones de los engranajes de la bicicleta.

Se comenzó contando el número de dientes que había en cada corona del engranaje de los pedales, siendo tres coronas. Se contaron también el número de dientes de cada piñón de los engranajes de la rueda. Se dividieron la cantidad de dientes de entrada con los de salida y se determinaron las relaciones de transmisión que se muestran a continuación.

Siendo tres casos principales (las tres coronas de los pedales), con respecto a 7 relaciones de transmisión en cada una de ellas (7 piñones en las ruedas). La relación de transmisión más alta es la de la corona 3 con el piñón 1, teniendo ahí una relación de 3.42

Tabla 2 Relaciones de Transmisión de la Bicicleta

Piñón pedal	Piñón rueda	Relación de Transmisión
1	1	2
	2	1.75
	3	1.55
	4	1.4
	5	1.27
	6	1.16
	7	1
2	1	2.712.37
	2	2.11
	4	1.9
	5	1.72

	6	1.58
	7	1.35
3	1	3.42
	2	3
	3	2.6
	4	2.4
	5	2.18
	6	2
	7	1.71

Figura 72 Coronas y piñones de la bicicleta.

Montado de rectificador, filtro y reguladores de 12v y 24v.

Para esto se tuvo la confianza de armarlo sin una prueba en protoboard previa. Con cuatro diodos rectificadores en su configuración de puente rectificador, éstos entraron en una etapa de filtrado pasa bajas. En donde, la señal de salida del rectificador, entra a un arreglo de un capacitor y una resistencia en paralelo. El filtro se encarga de eliminar los pulsos progresivos en los que convierte la señal de corriente alterna tras haber sido rectificada, siendo que a la salida del filtro se obtiene una línea recta o casi en su totalidad. Tanto el puente como el filtro están susceptibles a recibir más voltaje del acostumbrado, por lo que se añadió una etapa de regulación, de modo que lo producido por generador, si llega a exceder del voltaje que necesitamos, en la salida final solo se tenga un voltaje fijo. Colocamos un transistor de regulador de voltaje a 12vcc y 24vcc respectivamente.

Figura 73 Rectificador a 24vcc.

Figura 74 Rectificador a 12vcc.

<u>Cálculo de frecuencia del oscilador senoidal y ganancia de la etapa de potencia.</u>

DATOS	FORMLA	DESPEJE	SUSTITUCION
$C = 100nF$	$f = \dfrac{1}{2\pi RC}$	$R = \dfrac{(\frac{1}{f})/(2\pi)}{C}$	$R = 26{,}525.8238\,\Omega$
$f = 60_{HZ}$			

Haciendo uso de la fórmula que se determinó anteriormente, deseamos una frecuencia de operación de 60Hz (frecuencia de la red eléctrica). También colocamos un valor al capacitor, ya que éstos no tienen valores que puedan ser acercados a el cálculo. El resultado arroja una resistencia de 26.52kΩ, sin embargo, en redondeo se queda en 27kΩ. El detalle con este valor es que no existe en un valor comercial, lo más acercado fue la resistencia de 22kΩ.

Teniendo ya los valores, para asegurar el éxito del circuito, se hace una simulación.

La ganancia de la etapa de potencia se define por:

$$Av = -\frac{15,000\Omega}{10,000\Omega} = -1.5 \approx -2$$

Simulación del oscilador y etapa de potencia.

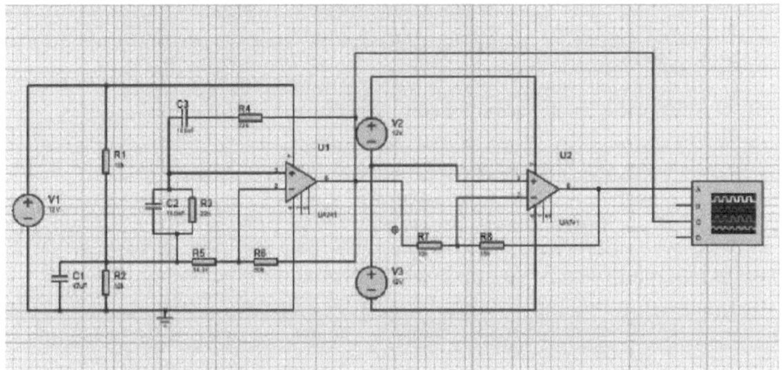

Figura 75 Simulación de oscilador puente de wien en PROTEUS.

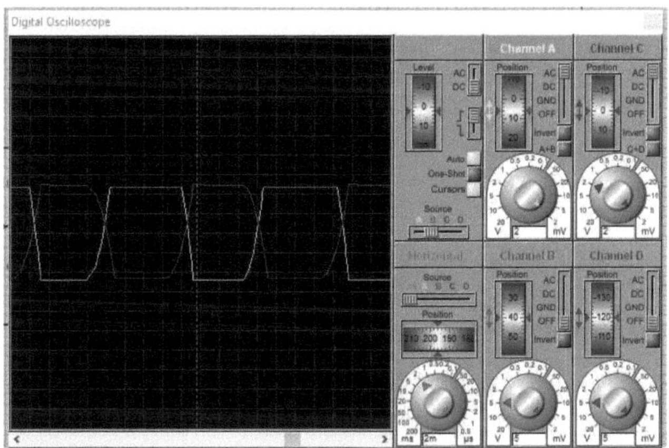

Figura 76 Resultado de la simulación en el osciloscopio digital de PROTEUS.

Armado del circuito en protoboard y placa fenólica.

El circuito fue montado en sus dos etapas en una sola protoboard, para las pruebas se utilizaron puntas caimán, las baterías y un osciloscopio para asegurar el funcionamiento de ambas etapas.

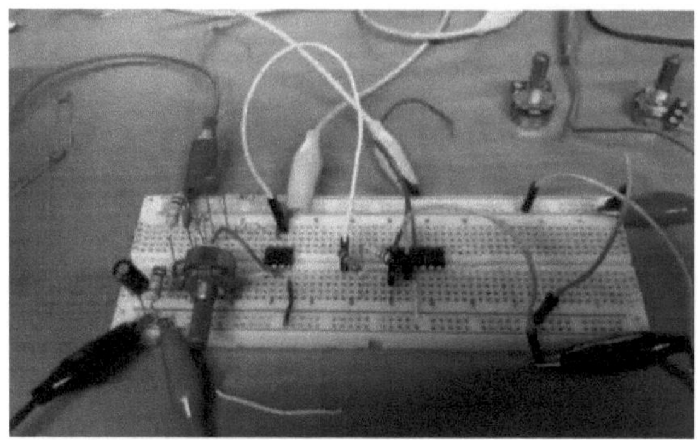

Figura 77 Circuito armado en protoboard.

Comprobado su funcionamiento (mostrado en análisis de resultados). Se montó en la placa fenólica, y se volvió a comprobar su funcionamiento.

Figura 78 Circuito ensamblado en placa fenólica perforada.

Ensamblado general de todos los subsistemas.

Una vez listo todo, se unieron todos los componentes por medio de la banda de la polea, los coples y el cable conductor, los circuitos fueron puestos dentro del gabinete para proyectos, daño así el sistema total del generador a base de una bicicleta.

Figura 79 Generador eléctrico a base del mecanismo de una bicicleta.

RESULTADOS.

Revoluciones, voltaje, corriente y potencias de salida.

Al terminar el armado, se realizaron diferentes pruebas. A continuación, se muestra evidencia fotográfica del generador operando.

Figura 80 Primera prueba del generador.

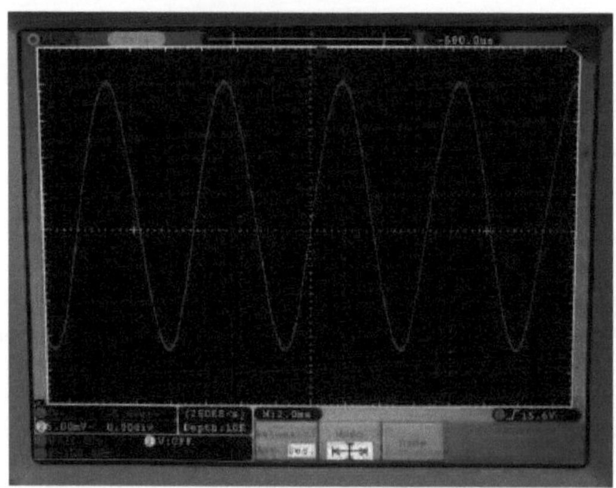

Figura 81 Resultado de voltaje de salida de la primera prueba (sin etapa de potencia).

Lo obtenido experimentalmente partiendo desde el rpm y a el voltaje que se obtiene desde el generador hasta los sistemas de inversión. Se presentan en la siguiente tabla.

Tabla 3 Resultados del Generador

	rpm pedales	rpm rueda trasera	Voltaje en los generadores	Voltaje max. en rectifica dor 1	Voltaje max. en rectifica dor 2	Volat je de salid a en CA	Corrie nte	Poten cia
Baja potenci a (invers or analógi co)	60rp m	1080	40vca	12vcc	24vcc	20vp p	1.95m A	0.038 w

<u>**Resultado de voltaje en el circuito inversor de baja potencia.**</u>

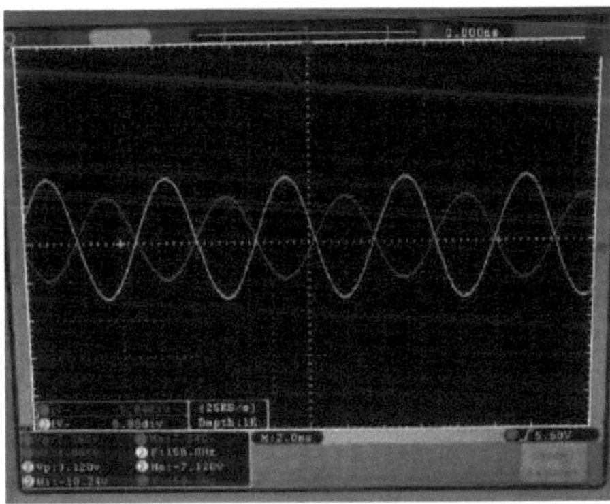

Figura 82 Señal roja de la etapa de oscilación, señal amarilla de la etapa de potencia.

Tenemos una señal de entrada de 2.16v de amplitud (fue atenuada por el potenciómetro). La señal de salida tiene una amplitud de 3.12v. Según la ganancia calculada para el inversor, tenemos una ganancia de -1.5 o cercana a -2 en otros ensayos. El inversor analógico funciona.

ANÁLISIS DE RESULTADOS.

<u>**Análisis de eficiencia.**</u>

Con respecto a otros generadores que fueron una opción, este generador presenta eficiencias oscilantes entre el 50% y 70%; tomando en cuenta la potencia suministrada a la batería con respecto al potencia que entrega el inversor. Ya que la bicicleta es capaz de cargar la batería en un tiempo no mayor a 3 horas, una batería de 12Ah.

En cuanto el sistema de baja potencia es necesario añadir etapas de corrección de offset (voltaje en donde la señal tiene origen) y explorar otros métodos de amplificación por medio de amplificadores operacionales. Al igual que comenzar a aplicar elementos de la electrónica de potencia, ya que, en este ensayo de inversor se ha comprobado que con más trabajo en las etapas. En el sistema, se pueden obtener mejores resultados de potencia.

CONCLUSIONES.

Tras todo el trabajo hecho y habiendo llegado a resultados satisfactorios, podemos rescatar las siguientes afirmaciones.

1.- Un mismo método de generación de energía eléctrica puede aumentar o disminuir su eficiencia cuando se cambian factores como el tipo de generador, estructura del mismo, eficiencia del sistema de control de generación, o bien, que esto no desperdicie mucha energía para funcionar y el tipo de materiales que se utilizan.

2.- El tamaño del generador no siempre es directamente proporcional a la potencia que puede producir. En varios casos una mejor estrategia estructural o un uso óptimo de los elementos del generador aporta más a la potencia de salida.

3.- Los generadores no siempre deben enfocarse a generar la potencia que se desee consumir, en varias ocasiones, resulta más factible que el generador pueda tener la potencia suficiente para recargar a una fuente de almacenamiento, ya que esta fuente recargada podrá suministrar la potencia que requiere para las cargas.

Bajo la búsqueda de un mundo con acceso libre a la energía en todas partes y todo momento, se espera que se logre una aportación a las energías renovables y actuar en pro del desarrollo sustentable a quienes necesitan energía eléctrica, encontrando bajo este trabajo un método nuevo, energía eléctrica por medio de un generador eléctrico a base del mecanismo de una bicicleta. Gracias.

BIBLIOGRAFÍA.

[1] CONACyT. (s.f.). *energia.conacyt.mx*. Recuperado el Junio de 2024, de
https://energia.conacyt.mx/planeas/electricidad/capacidad-generacion

[2] SENER. (s.f.). Recuperado el Junio de 2024, de https://base.energia.gob.mx:
https://base.energia.gob.mx/dgaic/DA/P/SubsecretariaElectricidad/RegionesSin
Electricidad/SENER_07_Relacion2022SistAislados.pdf

[3] Escuela Industrial Superior. (Septiembre de 2024). Obtenido de
https://www.eis.unl.edu.ar/z/adjuntos/3613/UNIDAD_II-_Alternadores.pdf

[4] Tippens, P. E. (2011). *Fisica: Conceptos y Aplicaciones*. CDMX: McGrawlHill. Recuperado
el Junio de 2024

[5] Gracia, J. (s.f.). Recuperado el Septiembre de 2024, de postventa.webcindario.com:
https://postventa.webcindario.com/formacion/motores/sincronismo.pdf

[6] Mercadolibre. (s.f.). Recuperado el Septembre de 2024, de mercadolibre.com:
https://www.mercadolibre.com.co/bomba-repuesto-de-desague-para-
lavadora-universal-85w-grande/p/MCO29233774

[7] Myszka, D. H. (2012). *Maquinas y Mecanismos*. Naucalpan de Juarez.: Pearson
education. Recuperado el Junio de 2024

[8] Theodore L. Brown, H. E. (2014). *Quimica La Ciencia Central*. Pearson. Recuperado el
Septiembre de 2024

[9] Torres, J. L., C, M. E., & Castillo, R. T. (s.f.). Recuperado el Septiembre de 2024, de
file:///C:/Users/HP.DESKTOP-ICQ7CNU/Downloads/511-
Texto%20del%20art%C3%ADculo-1142-1-10-20210506.pdf

[10] Eberlein, I. S., & Vázquez, I. O. (2017). Recuperado el Junio de 2024, de
www.fceia.unr.edu.ar:
https://www.fceia.unr.edu.ar/dce2/Files/Apuntes_2017/OSCILADORES%20SEN
OIDALES%20(v-2017-1).pdf

[11] Intronic. (27 de Enero de 2022). Recuperado el Junio de 2024, de www.youtube.com:
https://www.youtube.com/watch?v=dAmqdW9O0cw&t=245s

[12] Boylestad, R. L., & Nashelsky, L. (2009). *Electronica: Teoria de Circuitos y dispostivos*.
Mexico: Pearson. Recuperado el Junio de 2024

[13] *Curso: Maestro Tornero*. (s.f.). Recuperado el Septiembre de 2024

[14] Aeromaquinados. (s.f.). (aeromaquinados.com) Recuperado el Septiembre de 2024, de https://aeromaquinados.com/product/torno-convencional-paralelo-cj6241d-x-1000-mm/

[15] oroel. (s.f.). Recuperado el Septiembre de 2024, de oroel.com: https://oroel.com/ayuda-y-consejos/como-funciona-la-soldadura-por-arco-electrico

[16] construenvio. (s.f.). Recuperado el Septiembre de 2024, de www.construenvio.com: https://www.construenvio.com/es-us/catalogo/aceros/acero-estructural/perfiles/perfil-tubular-c150-c14-107-ptr-1-12-1296-kp-6-mts-pieza/p/7000002621

[17] perfiles y aceros cuajimalpa. (s.f.). Recuperado el Septiembre de 2024, de perfilesyaceroscuajimalpa.com.mx: https://www.perfilesyaceroscuajimalpa.com.mx/shop/perf6492-perfil-c-150-c-18-15389

[18] Steren. (Septiembre de 2024). Obtenido de www.steren.com.mx: https://www.steren.com.mx/?utm_term=steren&utm_campaign=Search+-+Branded+(Desktop)&utm_source=adwords&utm_medium=ppc&hsa_acc=3543146321&hsa_cam=9713662552&hsa_grp=103182288167&hsa_ad=533151826465&hsa_src=g&hsa_tgt=kwd-387272520&hsa_kw=steren&hsa_mt=e&hsa_

[19] FH Ferreterias. (s.f.). Recuperado el Septiembre de 2024, de www.fhferreterias.mx: https://www.fhferreterias.mx/MLM-3140765084-soldadura-6013-332-punta-naranja-infra-5-kg-_JM

[20] TOMACO. (s.f.). Recuperado el Septiembre de 2024, de tomaco.mx: https://tomaco.mx/products/varilla-roscada-galv-3-8-3-metros-1

[21] sieeg. (s.f.). Recuperado el Septiembre de 2024, de sieeg.com.mx: https://sieeg.com.mx/producto/resistencia-51-k-1-4w/

[22] Home Depot. (s.f.). Recuperado el Septiembre de 2024, de www.homedepot.com.mx: https://www.homedepot.com.mx/p/indiana-twinpack-cable-indiana-thw-ls-thhw-ls-calibre-12-negro-y-blanco-50-y-50-m-135576-135576

[23] TRUPPER. (s.f.). Recuperado el Septiembre de 2024, de https://www.truper.com/

[24] Lesics Española. (26 de Septiembre de 2020). Recuperado el Junio de 2024, de www.youtube.com: https://www.youtube.com/watch?v=V6bl4VKcbKo

[25] Mentalidad de Ingieneria . (12 de Septiembre de 2020). Obtenido de www.youtube.com: https://www.youtube.com/watch?v=BFdPmdNgJm4&t=397s

[26] Mentalidad de ingeneria . (5 de Nomviembre de 2020). Obtenido de
www.youtube.com: https://www.youtube.com/watch?v=Rj_ZfqGACP0

[27] Editroniks. (22 de Junio de 2021). Recuperado el Junio de 2024, de www.youtube.com:
https://www.youtube.com/watch?v=M-QELXF39p0&t=81s

[28] Electronica FP. (22 de Enero de 2018). Recuperado el Junio de 2024, de
www.youtube.com:
https://www.youtube.com/watch?v=WNOINqPEo0g&t=600s

[29] Mentalidad de Ingeneria. (20 de Nomviembre de 2020). Obtenido de
www.youtube.com: https://www.youtube.com/watch?v=M2H1JQ9flgs

[30] Mentalidad de Ingeneria. (5 de Noviembre de 2020). Obtenido de www.youtube.com:
https://www.youtube.com/watch?v=Rj_ZfqGACP0

[31] Editronik. (22 de Junio de 2021). Obtenido de www.youtube.com: https://watch?v=M-
QELXF39p0&t=81s

[32] Ing, O. M. (2010). Recuperado el Junio de 2024, de www.profesores.frc.utn.edu.ar:
https://www.profesores.frc.utn.edu.ar/electronica/electronicaaplicadaiii/aplica
da/cap01osciladores2parte.pdf

[33] Theodore L. Brown, H. E. (2014). *Quimica La Ciencia Central.* Pearson. Recuperado el
Septiembre de 2024

[34] Tecnologia Tecnica. (s.f.). Recuperado el Septiembre de 2024, de www.tecnologia-
tecnica.com.ar: https://www.tecnologia-
tecnica.com.ar/maquinaherramienta/Maestro_Tornero_Curso_CEAC_JI.pdf

[35] Steren.   (Septiembre   de   2024).   Obtenido   de   www.steren.com.mx:
https://www.steren.com.mx/?utm_term=steren&utm_campaign=Search+-
+Branded+(Desktop)&utm_source=adwords&utm_medium=ppc&hsa_acc=3543
146321&hsa_cam=9713662552&hsa_grp=103182288167&hsa_ad=5331518264
65&hsa_src=g&hsa_tgt=kwd-387272520&hsa_kw=steren&hsa_mt=e&hsa_